PÁJAROS DE LA PLAYA

BY GAIL KAMER

¿Qué hacen las palabras de playa todo el día?

Illustration credit—Gail Kamer

CAZAR

BUSCAR

Illustration credit-Gail Kamer

CAPTURAR

PESCAR

CENAR

Illustration credit-Gail Kamer

TRAGAR

Illustration credit-bigstock.com-JHVE-114627044-pelican

NADAR

Illustration credit-Gail Kamer

ARREGLARSE

SECAR

BESAR

Illustration credit-Bigstock.com-Jan Marijs-103982660-Gulls on the beach

PESEAR

BRINCAR

Illustration credit-bigstock.com-Scorch-98865074-seagull

GOLPEAR

ESCONDERSE

Illustration credit-Gail Kamer

CAÍDA LIBRE

Illustration credit-dreamstime.com-PSnaturephotography-40141171

DESCANSAR

Illustration credit-Gail Kamer

NIDO

Illustration credit-Gail Kamer-OSPREY

MADRE

FOOTING

SOL

Illustration credit-Gail Kamer

EQUILIBRAR

Illustration credit-Gail Kamer

YAK

Illustration credit—bigstock.com-Jeremy Richards-108619241-dolphin gulls

INSPECCIONAR

Illustration credit-bigstock.com-Kris Wiktor-120247112-egret

OJEAR

Illustration credit-Bigstock.com-Konstik-82975877-baby swan

CUCÚ

BATIR

REMONTARSE

PAVONEAR

DORMIR

¿HA APRENDIDO SOBRE LOS PÁJAROS DE LA PLAYA?

- ¿Que comen?
- ¿Qué tipo de piernas tienen?
- ¿Tienen los pies de la misma forma?
- ¿Cazan de la misma manera?
- ¿Son del mismo color?
- ¿Notó que la mayoría de las palabras de este libro son la misma parte del discurso? ¡Verbos de acción!
- ¿Qué otras cosas aprendiste?

www.ingramcontent.com/pod-product-compliance
Lightning Source LLC
Chambersburg PA
CBHW041303180526
45172CB00003B/952

9781544007595